U0199275

湛江红树林

国家级自然保护区及周边湿地鸟类

张苇　何韬　吴晓东　主编

中国林業出版社

图书在版编目(CIP)数据

湛江红树林国家级自然保护区及周边湿地鸟类 / 张苇, 何韬, 吴晓东主编. -- 北京 : 中国林业出版社, 2022.12

ISBN 978-7-5219-2009-3

Ⅰ. ①湛… Ⅱ. ①张… ②何… ③吴… Ⅲ. ①红树林—自然保护区—鸟类—湛江—图集 Ⅳ. ①S759.992.653②Q959.708-64

中国版本图书馆CIP数据核字(2022)第241526号

中国林业出版社 · 自然保护分社（国家公园分社）

策划编辑：肖　静

责任编辑：袁丽莉　肖　静

出版　中国林业出版社（100009　北京市西城区刘海胡同 7 号）
　　　http://www.forestry.gov.cn/lycb.html　　电话：（010）83143577

印刷　河北京平诚乾印刷有限公司

版次　2022 年 12 月第 1 版

印次　2022 年 12 月第 1 次印刷

开本　787mm × 1092mm　1/16

印张　15.75

字数　190 千字

定价　128.00 元

编辑委员会

前言

广东湛江红树林国家级自然保护区（以下简称“保护区”）是我国面积最大的红树林自然保护区，旨在保护热带红树林湿地生态系统及其生物多样性。保护区总面积20278.8公顷，其中，红树林面积约7228公顷，还包括养殖塘、河口、近海滩涂及浅水区域等多种生境类型。保护区是东亚－澳大利西亚迁徙路线上的重要节点，每年迁徙季节为大量迁飞鸟类提供了赖以生存的栖息地，是我国华南地区滨海湿地的典型代表，也是重要的自然资源资产和生物多样性保护基地。

保护区开展包括鸟类在内的生态资源调查，其目的是掌握生物多样性消长动态和生态环境状况，对评估保护区管理成效、制定保护策略等具有重要的科学参考意义。2002年，保护区在林业外援项目“中荷合作红树林综合管理及沿海保护项目”的支持下，邀请国内外生态学、鸟类学方面的专家开始进行鸟类调查及鸟类栖息环境评估，并编制了《湛江红树林保护区鸟类监测计划》。该计划首次明确了雷州半岛红树林主要分布区的鸟类监测路线及监测方法，提出了在保护区内进行专项鸟类保护的建议。保护区开展的鸟类监测基于该监测计划，并在实践中不断更新与完善。

自2002年开始，保护区在每年1月都开展鸟类资源的监测，除了获取了大量翔实、丰富的鸟类观测数据外，也带动并推动了湛江本地生态观鸟队伍的不断壮大。就鸟类调查而言，从之前的仅依靠保护区自有专业人员开展鸟类观测，2022年发展到了包括湛江爱鸟会、当地社区以及鸟类爱好者在内的30余人参与鸟类监测工作。保护区保护成效的日益凸显，鸟类调查成果的不断丰富和观鸟群体的持续壮大，将为生态文明建设背景下普及观鸟旅游活动奠定基础。

星星之火，可以燎原。保护区在雷州半岛坚持了近20年的鸟类保护工作就是那一点的“星火”，希望可以带动更多人关注并参与当地的鸟类保护工作。本书的出版，是雷州半岛海岸带常见鸟类观测工作的一个阶段性总结，也希望为更多的鸟类爱好者提供一本入门级的工具书。

本书的出版得到广东湛江红树林湿地生态系统国家定位观测研究站的鼎力

支持；得到广东湛江红树林国家级自然保护区管理局的出版资助；得到中国林业出版社肖静、袁丽莉编辑的大力支持，其对全书的结构提出了重要建议。在此，对他们一并表示感谢。

雷州半岛海岸带生境类型复杂多样，有着生物多样性丰富的天然基础，随着自然保护力度加大和人们生态保护意识的提升，鸟类的种类和数量不断增加。尽管本书对雷州半岛海岸带常见鸟类的生态特征进行了描述，但是受监测能力和知识所限，仍有很多不足之处，敬请读者谅解并不吝赐教，我们将持续完善观测成果。

编辑委员会

2022年10月

目 录

翠鸟科
Alcedinidae

普通翠鸟

Alcedo atthis

识别特征：个体大小约15cm。身体羽毛带金属光泽。上体羽毛蓝绿色，颈两侧有白斑；下体为橙棕色。

分布与生境：在湛江常见于河流、水库、鱼塘和红树林。捕鱼为食。

习性：单独活动。

斑鱼狗

Ceryle rudis

识别特征：个体大小约27cm，身体为黑、白两色，野外极易辨认。上体黑色带白斑，下体呈白色，上胸有黑色条带。

分布与生境：在湛江常见于河流、水库及红树林。

习性：常单独活动，偶见成对或结群。

蓝翡翠

Halcyon pileata

识别特征：个体大小约30cm，比白胸翡翠略大。头部黑色，翼呈黑色，飞行时有白色翼斑。上体呈鲜艳蓝色，阳光下格外闪亮。

分布与生境：在湛江常见于河流、河口及红树林边栖息捕食。

习性：单独活动。

白胸翡翠

Halcyon smyrnensis

识别特征：个体大小约25cm。喉、胸部羽毛白色，与身体其他大部分褐色毛色差异明显。背上部及尾部呈鲜亮的蓝色。

分布与生境：在湛江常见于咸淡水河流、池塘捕食。

习性：单独活动。

鹭科
Ardeidae

大白鹭

Ardea alba

识别特征：个体较大，约90cm。全身羽毛呈白色，与其他鹭类相较，除个体较大外，其停栖时弯曲的颈部呈明显“S”形，脸部皮肤黄绿色。野外观测时注意与中白鹭的区别，大白鹭嘴部黑线延长至眼后。

分布与生境：在中国繁殖于东北、新疆西北和华北地区，越冬于南方。在湛江为冬候鸟，各地区均有分布。喜红树林、滩涂、湖畔、稻田等。

习性：常集群或单独与其他水鸟混群。以鱼类等水生动物为食。

池鹭

Ardeola bacchus

识别特征：小型鹭鸟，个体大小约45cm。翅膀白色，身体褐色，飞行时尤为明显。站立时通体呈褐色。繁殖期羽色鲜艳，头部和颈部呈深棕色，胸部呈绛紫色。

分布与生境：在中国分布于华东、华北、华南等地区。

在湛江各地区有分布，为留鸟，部分可能为冬候鸟，全年常见。喜红树林、养殖塘、稻田或其他涨水区域。

习性：常单独或集小群活动，傍晚成群飞回栖息地，与其他鹭类混群筑巢繁殖。以鱼类等水生动物为食。

苍鹭

Ardea cinerea

识别特征：大型鹭鸟，约90cm。羽毛呈白、灰、黑色，有黑色冠羽及过眼纹，颈部黑色纵纹显眼。野外观测时，根据其体形及毛色易辨认。

分布与生境：在中国为地区性常见留鸟。在湛江各地均

有分布，为冬候鸟。觅食于红树林、滩涂、养殖塘和水道两旁等浅水区域。

习性：性孤僻敏感，常集小群活动，有时集大群。晚上栖息于树上。以鱼类或其他小型动物为食。

右为黑尾塍鹬

中白鹭

Ardea intermedia

识别特征：个体大小约69cm。全身白色，体形介于白鹭和大白鹭之间，其颈部似大白鹭呈“S”形，但中白鹭嘴较短。

分布与生境：在中国常见于南方的低海拔湿地。在湛江

左为中白鹭，右为白鹭

为冬候鸟，相对其他鹭鸟较为少见。喜有浅水的草地、红树林、稻田等。

习性：常单独活动，或与其他鹭类混群觅食。以鱼类等水生动物为食。

草鹭

Ardea purpurea

识别特征：大型鹭鸟，个体大小约81cm，略小于苍鹭。身体呈灰色、棕色。头顶呈黑色，两道饰羽（成鸟），颈部棕色且具明显黑色纵纹。

分布与生境：在中国华东、华中、华南、海南和台湾等

地区有分布。在湛江为冬候鸟或旅鸟，不常见。喜芦苇丛、草滩、农田和养殖塘等 。

习性：常单独活动。以鱼类、虾或其他小型动物为食。

牛背鹭

Bubulcus ibis

识别特征：个体大小约50cm。全身羽毛白色，繁殖期头、胸、颈黄色。野外易与小白鹭混淆，区别是牛背鹭嘴黄色、脚黄色。

分布与生境：在中国常见于南方低海拔地区。在湛江各

地区有分布，为留鸟，部分可能为冬候鸟，全年常见。喜红树林、草地、稻田及其他浅水区域。

习性：常成群活动，围绕在牛群附近或站在牛背上，觅食惊起的蝇类等昆虫，与其他鹭类混群营巢。

绿鹭

Butorides striata

识别特征：体形较小，约45cm。全身灰绿色，翅膀颜色较深。一条黑色线从嘴基部延伸至枕后，是其与夜鹭的主要区别。

分布与生境：绿鹭瑶山亚种常见于华南和华中地区。湛

江各地有分布，为留鸟，夏季较为常见。喜红树林、芦苇丛、灌木丛或有植被覆盖的养殖塘、溪流等。

习性：性孤僻隐蔽，常单独或成对活动。以鱼类等水生动物为食。

黄嘴白鹭

Egretta eulophotes

识别特征：个体大小约65cm。体羽白色。冬羽似白鹭，但体形更大，脚偏黄绿色，喙黑且下喙基部黄色。繁殖羽跗趾黑色，喙黄色，眼先蓝色，具明显的饰羽。

分布与生境：在中国繁殖黄海等东部岛屿，越冬迁途径

华东、华南等沿海地区。在湛江为旅鸟，较为罕见。喜红树林、沙滩、盐场、岩石等。

习性：多与白鹭等混群，喜欢在岩石上休憩。

白鹭

Egretta garzetta

识别特征：个体大小约61cm。全身白色，是雷州半岛最常见的鸟类之一。野外观测时其体形与牛背鹭相似，但白鹭嘴部黄色，腿黑色，而脚趾黄色。繁殖期头顶具白色饰羽。

分布与生境：在中国主要分布于南方地区。在湛江主要为留鸟，部分为夏候鸟，各地区均有分布。常见于红树

林、滩涂、河流、养殖塘、溪流、稻田等。春季在茂密的红树林上筑巢繁殖。

习性：常散群觅食，或与其他水鸟混群，喜欢在浅水区域追逐猎物。以鱼类等水生动物为食。傍晚时分常呈“V”字形编队飞回栖息地。

黑冠鳽

Gorsachius melanolophus

识别特征：个体大小约48cm。喙粗短，略下弯。上体栗褐色并具黑色斑点。颏白具黑色纵纹外。成鸟具明显的黑色冠羽。

分布与生境：在中国繁殖于南方地区。在湛江为夏候鸟，栖息于浓密的潮湿林带，罕见。

习性：夜行性，夜晚在开阔地带觅食，以蚯蚓或其他动物为食。

黄斑苇鳽

Ixobrychus sinensis

识别特征：个体大小约32cm。雄鸟额、头顶、枕部和冠羽近黑色，颈部至胸部有不明显的灰白色纵纹，头侧、后颈和颈侧棕黄白色；雌鸟与雄鸟的区别为其头顶为栗褐色，纵纹为黑色。

分布与生境：在中国分布于南部、东部地区。在湛江各地均有分布，为留鸟，部分为夏候鸟。栖息于红树林、芦苇、稻田、荷池、水道边等植被茂密的湿地。

习性：常单独或成对活动，以小型鱼类为食。

夜鹭

Nycticorax nycticorax

识别特征：体形中等，约60cm。头顶部黑色，颈部及胸部白色，对比鲜明。

分布与生境：在中国常见于华南、华中和华东低海拔地区。在湛江各地均有分布，为留鸟，有部分有可能是冬

候鸟或者夏候鸟。觅食于滩涂、稻田、养殖塘和水道两旁等浅水区域。春季与其他鹭类成群筑巢于树上。

习性：白天群栖于树上，黄昏后分散觅食，常发出深沉的“呱呱呱”鸣叫声，特别喧哗。以鱼类为食。

白琵鹭

Platalea leucorodia

识别特征：个体大小约85cm，外形与黑脸琵鹭相似。头部裸皮黄色，眼先具黑色线。濒危物种，为国家一级保护野生动物。

分布与生境：在中国繁殖于新疆西北部至东北各省，在

左一至四为黑脸琵鹭

长江以南地区越冬。在湛江为冬候鸟，或冬季迁徙经过，较为罕见。

习性：同黑脸琵鹭。

黑脸琵鹭

Platalea minor

识别特征：个体大小约75cm。喙灰黑色，形扁平似琵琶，前额、眼线、眼周至喙基的裸露皮肤呈黑色。雷州半岛明星鸟种，数量不多，但近年来持续在保护区出现。濒危物种，为国家一级保护野生动物。

分布与生境：繁殖于朝鲜半岛，在长江以南地区越冬。在湛江为冬候鸟或旅鸟，喜红树林、滩涂、泥泞养殖塘或湖泊等，偶尔到内陆湿地活动。

习性：单独或集小群活动。以鱼类为食物，喜欢在水中

缓慢前进，喙左右来回甩动寻找食物，野外觅食时姿态优雅。

相似种： 白琵鹭。黑脸琵鹭体形较白琵鹭略小，二者区别主要在于眼部，黑脸琵鹭眼部皮肤呈黑色，而白琵鹭呈白色。

鸭科
Anatidae

针尾鸭

Anas acuta

识别特征：个体大小约55cm。雄鸟在野外较好辨认，颈两侧有明显白线与其白色胸部相连，尾羽尖长，明显的“尖尾”；雌鸟颜色与其他鸭类相近，但嘴呈铅灰色，具有较明显的尾部轮廓。觅食时针尾鸭头部和上身插入水中，臀部朝天，十分有趣。

分布与生境：在中国繁殖于西藏、新疆，越冬于北纬30°以南包括台湾在内的大部分地区。在湛江为冬候鸟，常见于沿海红树林、滩涂、养殖塘、河口、海湾和草滩等。

习性：在水面觅食，也会钻入浅水区域，主要以植物为食。常成群活动。

针尾鸭与其他鸭类混群于红树林边

绿翅鸭

Anas crecca

识别特征：个体较小，约35cm。雄性个体在野外较易辨认，其头部呈深褐色和深绿色，在水面游动时常能观测到绿色翼镜；雌性个体全身呈褐色，除绿色翼镜外，特点不明显。

分布与生境：在中国指名亚种繁殖于东北各省、新疆天山，越冬于南方地区。在湛江为冬候鸟，常见于沿海红树林、养殖塘、湖泊和草滩等。

习性：飞行时振翅频率很快。主要以植物为食。成对或集群活动，喜欢与其他水禽混群。

斑嘴鸭

Anas zonorhyncha

识别特征：个体大小约60cm，较大型鸭类。雌雄颜色相近，身体呈褐色，实际观察可发现其颈部颜色明显较浅。眼部可见浅色眉纹。嘴黑色，末端黄色。

分布与生境：在中国繁殖于华东地区，越冬于南方地区。在湛江为冬候鸟，常见于沿海红树林、滩涂、养殖塘、河口、海湾和草滩等。

习性：主要以植物为食，常成群活动，与其他鸭类混群。

栗树鸭

Debdrocygna javanica

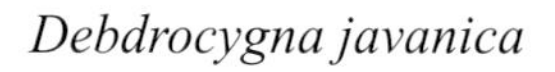

识别特征：个体大小约39cm。红褐色。脸颊和颈皮上体黄灰色。背部深褐色，具棕色贝壳斑纹。翼上具鲜艳栗色斑块。下体浅红褐色。喙深灰色。

分布与生境：在中国繁殖于云南、广西等地。在湛江为旅鸟或冬候鸟，较为罕见。栖息于红树林、养殖塘、河流和稻田等。

习性：集群活动，半夜行性。

赤颈鸭

Mareca penelope

识别特征：个体大小约45cm，中型鸭。和其他鸭类一样，雄鸟特征明显易辨认，头和颈部棕红色，额至头顶有黄色纵带；雌鸟上体呈黑褐色，上胸棕色，其余下体白色。

分布与生境：在中国繁殖于东北地区，越冬于南方地区。

在湛江为冬候鸟，常见于沿海红树林、滩涂、养殖塘、河口、海湾和草滩等。

习性：主要以植物为食，与其他鸭类混群活动。

琵嘴鸭

Spatula clypeata

识别特征：个体大小约50cm，嘴宽阔且末端呈铲状。雄鸟头部深绿色，腹部白色与栗色对比明显；雌鸟全身近褐色，具深色贯眼纹。

分布与生境：在中国繁殖于东北和西北地区，越冬于南

方地区。在湛江为冬候鸟，常见于沿海红树林、滩涂、养殖塘、河口、海湾和草滩等。

习性：主要以植物为食，常成群活动，与其他鸭类混群。

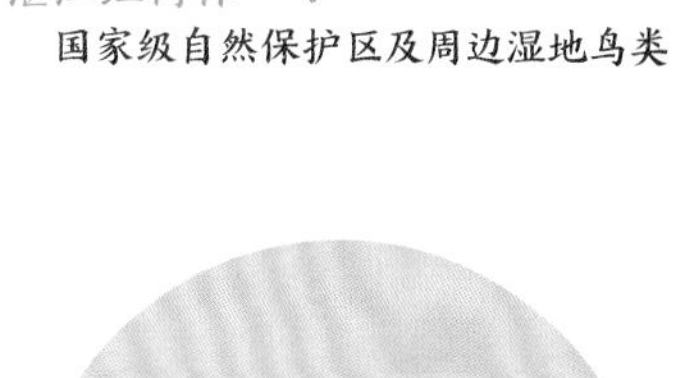

白眉鸭

Spatula querquedula

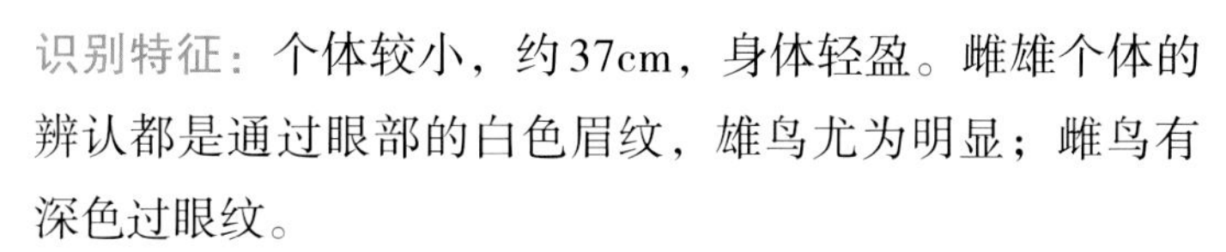

识别特征：个体较小，约37cm，身体轻盈。雌雄个体的辨认都是通过眼部的白色眉纹，雄鸟尤为明显；雌鸟有深色过眼纹。

分布与生境：在中国繁殖于东北、西北，冬季南迁至北纬35° 以南包括台湾、海南在内的大部分地区。在湛江

为冬候鸟，常见于沿海红树林、滩涂、养殖塘、河口、海湾和草滩等。

习性：冬季集大群活动。主要以植物为食，白天喜欢栖息水面，夜间觅食。

鸻科
Charadriidae

环颈鸻

Charadrius alexandrinus

识别特征：个体大小约17cm。喙黑色，跗趾黑色。颈部具完整白色领圈，胸部黑带在胸前断开。额部白色，与白色眉纹相通。飞行时翼上白斑明显。繁殖羽顶冠棕褐色。

分布与生境：在中国繁殖于西北和华北地区，迁徙途径中国沿海地区。在湛江为冬候鸟，部分不参与繁殖的个体会选择在湛江度夏，特别常见。喜红树林、滩涂、养殖塘等。

习性：集群活动，常与其他涉禽混群。觅食时比较活跃好动，常迅速奔跑一段距离，稍停留片刻后又继续跑动。

金斑鸻与其他鸻鹬混群

白脸鸻

Charadrius dealbatus

识别特征：个体大小约16cm。似环颈鸻，额部和眼先白色，黑色颈环较短，跗趾偏粉色。

分布与生境：分布于中国南方地区。在湛江为夏候鸟，

并在湛江繁殖。喜沙滩、红树林。

习性：似环颈鸻，常与环颈鸻混群。

金眶鸻

Charadrius dubius

识别特征：个体大小约16cm，黑色喙短而尖，脚黄色。喉部至颈后形成白色项圈，下方具闭合的黑色或褐色领带。繁殖季黄色眼圈明显，冬羽期眼圈变得暗淡。飞行时无白色翼斑。

分布与生境：繁殖于古北界至亚洲，在中国繁殖于大部分地区，越冬于南方地区。在湛江为冬候鸟，较为常见。喜干涸或水浅的养殖塘等内陆或沿海湿地，极少至滩涂。

习性：单独或集小群活动。

铁嘴沙鸻

Charadrius leschenaultii

识别特征：个体大小约23cm，体形较蒙古沙鸻大，喙厚且粗长，脚偏黄色。喉部和前颈白色，后颈颜色深，不似环颈鸻形成闭合的白色项圈。繁殖羽胸前具较窄的棕色横纹，脸具黑斑。冬羽期胸前棕色消失，脸部黑斑略浅。

分布与生境：在中国繁殖于新疆或西藏，迁徙途经中国全境。在湛江为冬候鸟，部分为旅鸟，不参与繁殖的个体会选择在湛江度夏，常见。喜红树林、滩涂和养殖塘等。
习性：常集大群活动，与其他鸻类、鹬类混群。

蒙古沙鸻

Charadrius mongolus

识别特征：个体大小约19cm，似铁嘴沙鸻，但体形更小，腿更短，喙更细短，脚偏灰色。喉部和前颈白色，后颈颜色深，不似环颈鸻形成闭合的白色颈环。繁殖羽胸前至胁部具较宽的棕色横纹，脸具黑斑。冬羽胸前棕色消失，脸部黑斑略浅。

分布与生境：在中国繁殖于新疆或西藏，迁徙途经沿海地区。在湛江为冬候鸟，部分为旅鸟，不参与繁殖的个体会选择在湛江度夏，常见。喜红树林、滩涂和养殖塘等。

习性：常集大群活动，与其他涉禽混群。

金鸻

Pluvialis fulva

识别特征：个体大小约23cm。似灰鸻，但体形较小。背部金黄色，身体在阳光下金色斑驳明显。翼上无白色横纹。飞行时腋下无黑斑。

分布与生境：繁殖于全北界，迁徙途径中国沿海地区。

在湛江为冬候鸟，部分为旅鸟，常见。喜红树林、滩涂、养殖塘、草地、稻田等。

习性：集小群活动，常与其他涉禽混群。

前为金斑鸻，后为灰斑鸻

灰鸻

Pluvialis squatarola

识别特征：个体大小约30cm。喙短而厚。冬羽上体褐灰色，背部具白色斑点，下体偏白色。飞行时腰部和翼下覆羽偏白色，腋下具明显黑斑。繁殖羽全身黑白色，对比明显。

分布与生境：繁殖于全北界，迁徙途径中国沿海地区。

在湛江为冬候鸟，部分为旅鸟，常见。喜红树林、滩涂、养殖塘、河流等。

习性：集小群活动，常与其他涉禽混群。在滩涂上觅食时常快速奔跑。

灰头麦鸡

Vanellus cinereus

识别特征：个体大小约35cm。身体呈黑、白、灰三色，头、胸灰色，胸部有黑色横斑，腰、腹白色。

分布与生境：在中国繁殖于北方地区，越冬于南方地区。在湛江为冬候鸟，不常见，栖息于靠近水源的开阔地带、

稻田、池塘等。

习性：集群活动，以小型动物为食。常以快速振翅的飞行显示告警。

凤头麦鸡

Vanellus vanellus

识别特征：个体大小约30cm。身体黑白色，上体呈黑绿色且具金属光泽。胸偏黑，腹白色。头部具黑色标志性的“凤头”冠羽，略向前翻。上体具黑绿色金属光泽。

分布与生境：在中国繁殖于北方地区，越冬于南方地区。在湛江为冬候鸟，较少见，栖息于有草的湿地、稻田等。
习性：集群活动。以小型动物为食。

燕鸻科
Glareolidae

普通燕鸻

Glareola maldivarum

识别特征：个体大小约26cm。上体棕褐色，翼具叉尾，喉部黄色。两眼至喉前形成半圆黑领，冬羽此特征不明显。飞行时可见尾部上下覆羽为白色。

分布与生境：在中国繁殖于北方地区，迁徙途经东部多数地区。在湛江为冬候鸟，也有部分个体在湛江繁殖的记录，较为常见。喜开阔的干塘、草地、稻田等。

习性：常集群活动，善奔跑，飞行似燕。主要以昆虫为食。

蛎鹬科
Haematopodidae

蛎鹬

Haematopus ostralegus

识别特征：个体大小约45cm。外形特征明显，野外观测易辨认，身体主要为黑白两色。红色直而粗钝，喙特别抢眼。

分布与生境：繁殖于俄罗斯至我国沿海，在我国东部和南部沿海地区可见迁徙和越冬。在湛江为旅鸟，部分为冬候鸟，罕见。喜红树林滩涂、砾石海滩、沙滩等生境。

习性：集小群活动。觅食时常用喙撬开贝类获取食物。

水雉科
Jacanidae

水雉

Hydrophasianus chirurgus

识别特征：个体大小约33cm。外形特征明显，野外易辨认。脚趾极长。尾部长，雄性尾羽较雌性短。头部和颈部前半部白色，后部则是明显的黄色。飞行时翼部大部分为白色。

分布与生境：在中国分布于华北东部和长江以南地区。在湛江为夏候鸟，有繁殖记录。栖息于水面有植被的小型池塘或湖泊等水域。

习性：利用其长趾，常在荷叶、睡莲、水葫芦等漂浮植物的叶面上行走觅食。

鸥科
Laridae

灰翅浮鸥

Chlidonias hybrida

识别特征：个体大小约26cm。成鸟冬羽额部白色，头顶后部、枕部至颈部呈黑色，顶冠具细纹。上体灰色，下体白色。繁殖羽头、背、下体、翼下覆羽为黑色，尾部和翼上偏白色。

分布与生境：在中国繁殖于东北地区，迁徙途经华北等地，越冬于华南地区。在湛江为冬候鸟，特别常见。喜沿海滩涂、红树林、港湾、河口及养殖塘等。

习性：集群活动，常停歇于电线杆、柱子等。

白翅浮鸥

Chlidonias leucopterus

识别特征：个体大小约22cm。成鸟冬羽上体浅灰色，下体白色，枕部具灰褐色斑点；繁殖羽头、背、下体、翼下覆羽为黑色，尾部和翼上偏白色。

分布与生境：在中国繁殖于东北、西北地区，迁徙途经华北等地，越冬于华南地区。在湛江为冬候鸟，部分个体会选择在湛江度夏，特别常见。喜沿海滩涂、红树林、

港湾、河口及养殖塘等。

习性：集群活动，常停歇于电线杆、柱子。觅食时迅速掠过水面。

相似种：灰翅浮鸥。非繁殖羽时两种鸥较难分辨，也常混群出现。白翅浮鸥的头顶黑色较少，白色颈环较完整；灰翅浮鸥头顶黑色较多，头顶黑色延长至后颈。

细嘴鸥

Chroicocephalus genei

识别特征：个体大小约44cm。上体多白色，下体偏粉红色。喙红色，跗趾红色。飞行时初级飞羽白色而羽端黑色。

分布与生境：繁殖于北非和中亚等地，冬季偶见于东南亚和我国南部沿海或内陆地区。在湛江为冬候鸟或迷鸟，

见到个体多为一个或几个，较罕见。喜潮间带滩涂、沙岛等生境。

习性：常与其他鸥类混群。

相似种：红嘴鸥。但细嘴鸥喙较纤细，喙端无黑色，且耳羽斑点不明显。

红嘴鸥

Chroicocephalus ridibundus

识别特征：个体大小约40cm。嘴喙红色，脚红色，眼后有黑斑。繁殖羽色变化较大，头部变深棕色，喙部深红色。

分布与生境：在中国繁殖于东北、西北地区，越冬于东部和南部沿海地区。在湛江为冬候鸟，特别常见，深受

市民喜爱。喜红树林滩涂、养殖塘、湖泊或水库等湿地生境。

习性：常成群活动，与其他鸥类混群。喜欢站立在电线杆、柱子或海上漂浮物休息。

红嘴巨燕鸥

Hydroprogne caspia

识别特征：个体大小约50cm。头顶黑色，冬羽具白色纵纹。特别是红色大喙引人注目，喙端偏黑色。

分布与生境：在中国繁殖于沿海各省份及长江上游地区，

迁徙途经中国大部分地区。在湛江为候鸟或旅鸟，特别常见。喜红树林、滩涂、河口等水域。

习性：集大群活动，常与其他鸥类混群。

黑尾鸥

Larus crassirostris

识别特征：个体大小约46cm。腰部与尾部白色，尾部具宽大黑色次端条带。冬季头顶及颈背具深色斑。第一冬羽多沾褐色，脸部色浅，喙偏粉红色而喙端黑色。第二年翼上深灰色，头部和下体偏白色，喙黄色而喙端红色。脚绿黄色。

分布与生境：在中国繁殖于中部沿海多石岛屿，越冬于华东和南部沿海或内陆地区。在湛江为冬候鸟，较为常见。喜红树林、滩涂等。

习性：松散群居，常与其他鸥类混群。

乌灰银鸥

Larus heuglini

识别特征：个体大小约60cm，大型海洋性鸥。体羽暗灰色，跗趾黄色。

分布与生境：繁殖于西伯利亚地区，迁徙途经中国沿海地区。在湛江为冬候鸟或旅鸟，较为常见。喜红树林、

滩涂等。

习性：常与其他鸥类混群。

相似种：黄脚银鸥。两种银鸥皆有明显黄色脚及黄色喙，但乌灰银鸥背部呈深灰色，较黄脚银鸥背部颜色深。

遗鸥

Lchthyaetus relictus

识别特征：个体大小约45cm。头部黑色，喙及脚红色。覆盖头部的黑色略少，和枕部均具暗色纵纹，具有较宽的白色眼睑，似眼部周围有一白圈。

分布与生境：在中国繁殖于青海和内蒙古，迁徙途经中

国大部分地区。在湛江为旅鸟或迷鸟，较罕见。喜沙滩、湖泊等。

习性：常在水上休息，与其他鸥类混群。

相似种：棕头鸥与红嘴鸥。

黑嘴鸥

Saundersilarus saundersi

识别特征：个体大小约32cm。似红嘴鸥。喙黑色，短而厚。体羽白、灰色，冬羽头部两侧具黑色斑点；繁殖羽头部至颈后黑色，具白色眼圈。静立或行走时，其翅膀后部有明显的白色边缘，合拢时初级飞羽呈黑白相间。

分布与生境：在中国繁殖于东北、华东和华中等沿海地

区，越冬于南部沿海地区。在湛江为冬候鸟，较常见，每年雷州半岛冬季调查均有记录。喜红树林滩涂、养殖塘等湿地生境。

习性：单独或集群活动，与其他鸥类混群。觅食时常在空中突然垂直下降，快着陆时迅速转身捕食螃蟹等。

白额燕鸥

Sternula albifrons

识别特征：个体大小约25cm。繁殖羽额部为白色，头顶至颈后及贯眼纹黑色，喙黄色，喙端黑色；冬羽头顶至颈后黑色缩小成月牙状。

分布与生境：在中国繁殖于大部分地区，迁徙途经华北

等地，越冬于华南地区。在湛江为冬候鸟，夏季也有不少量监测记录，较为常见。喜沿海滩涂、港湾及养殖塘等。

习性：集群活动，常与其他鸥类混群。

普通燕鸥

Sterna hirundo

识别特征：个体大小约34cm。冬羽喙黑色，额部白色，枕部黑色，顶冠具黑白杂斑；繁殖羽头顶全黑，喙红色，喙端偏黑色，身体呈灰色和白色。

分布与生境：在中国繁殖于西北、东北和华北等地，迁

徙途经中国大部分地区。在湛江为冬候鸟或旅鸟，较为常见。喜红树林、滩涂、养殖塘等沿海水域，偶尔见于内陆。

习性：集群活动，常与其他鸥类混群。

普通燕鸥与白额燕鸥

小凤头燕鸥

Thalasseus bengalensis

识别特征：个体大小约39cm。具明显的橙红色喙。冬羽额部白色，冠羽黑色。繁殖羽额部黑色。

分布与生境：繁殖于北非、中东和东南亚等地。在湛江

小凤头燕鸥（右二）与大凤头燕鸥

为迷鸟或旅鸟，极为罕见。喜沿海滩涂、沙岛等。

习性：与大凤头燕鸥等鸥类混群活动。

相似种：大凤头燕鸥。

小凤头燕鸥（左一）

大凤头燕鸥

Thalasseus bergiii

识别特征：个体大小约45cm，大型燕鸥。喙较粗，呈黄色。前额及面颊白色，繁殖期与黑色头顶、长冠羽对比明显。冬羽顶冠花白，枕部冠羽具纵纹。成鸟体羽呈白、灰两色，幼鸟偏灰色，且上体具褐色和白色杂斑。

分布与生境：在中国繁殖于华南、海南和台湾等地区，

越冬于南部沿海地区。在湛江为冬候鸟，较为常见。喜沿海滩涂、沙岛等。

习性：集小群活动，常与其他鸥类混群。常驻立于海上竹竿、浮标等。

中华凤头燕鸥

Thalasseus bernsteini

识别特征：个体大小约40cm。喙黄色，喙端黑色。体羽偏灰、白色。冬羽额部白色，顶冠黑色具白色纵纹，具明显冠羽。亚成鸟偏白色，具褐色杂斑。极危物种，为国家一级保护野生动物。

分布与生境：在中国繁殖于东部沿海岛屿，越冬于南部沿海地区。在湛江为旅鸟或迷鸟，极为罕见。喜沿海滩涂、沙岛等。

习性：与其他鸥类混群。常驻立于海上竹竿、浮标等。

白嘴端凤头燕鸥

Thalasseus sandvicensis

识别特征：个体大小约42cm。喙黑色，喙端黄色。冬羽额部和顶冠白色，繁殖羽具明显黑色冠羽。

分布与生境：分布于欧美和非洲等地。在湛江为迷鸟，

极为罕见。喜沿海滩涂、沙岛等。
习性：与其他鸥类混群。

䴙䴘科

Podicipedidae

小鸊鷉

Tachybaptus ruficollis

识别特征：个体大小约28cm。脚部瓣蹼状，喙尖。繁殖期顶冠和颈部黑褐色，喉部和前颈偏红色，嘴裂处具明显黄斑。非繁殖期上体灰褐色，下体白色。

分布与生境：在中国大部分地区均有分布。在湛江各地可见，为常见留鸟。栖息于养殖塘、湖泊、水库、稻田等。

习性：常单独或集分散小群活动。善于游泳和潜水，常潜水取食，以水生昆虫及其幼虫、鱼、虾等为食。求偶期时常在水上相互追逐并发出重复的鸣叫声。

秧鸡科
Rallidae

白胸苦恶鸟

Amaurornis phoenicurus

识别特征：个体大小约33cm。外表特征明显，胸部白色，与背部深色羽毛有明显差异。叫声似“苦恶—苦恶”。

分布与生境：在中国繁殖于南方低海拔地区。在湛江为留鸟，各地均有分布，常见于红树林、塘边、润湿灌丛、荷花池等。

习性：单独或成对活动，常在傍晚或黎明时群鸟一起持续较长时间地鸣叫，繁殖期尤其喜欢在夜间鸣叫求偶。

白骨顶

Fulica atra

识别特征：个体大小36~39cm。体羽黑色，具显眼的白色喙和额甲，虹膜红色，独特易认。

分布与生境：在中国繁殖于北方地区，冬季迁至南方地区。在湛江为冬候鸟，多见于池塘、湖面等水域。

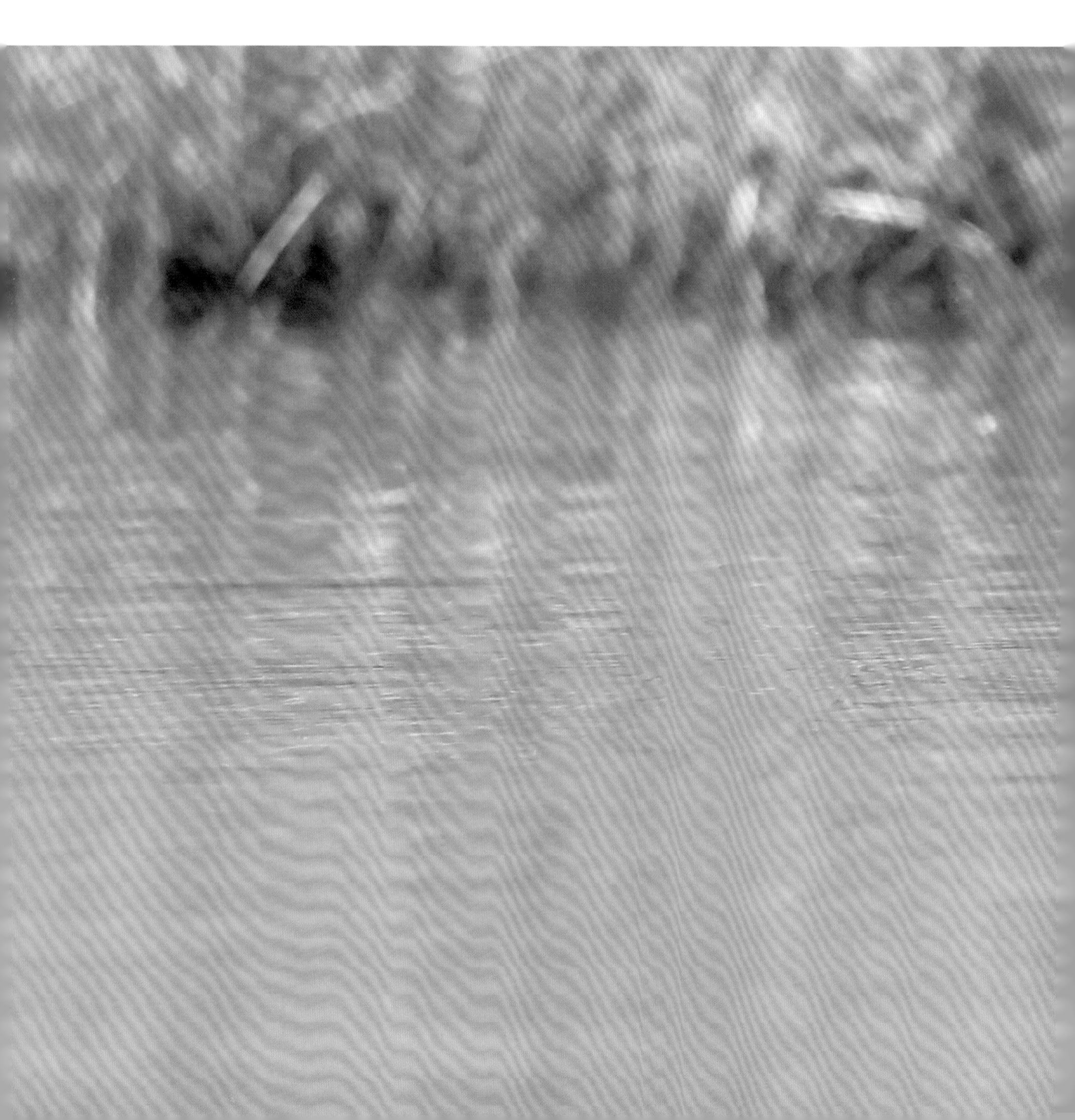

习性：高度水栖性，浮游于开阔水面。喜集群活动。善潜水，常潜入水中觅食水草等水生植物根茎。需在水面长距离助跑后起飞。

黑水鸡

Gallinula chloropus

识别特征：个体大小30~38cm。通体黑褐色，但胁部具明显的白色纵纹。嘴黄色，嘴基与额甲红色。会游泳，游泳时尾部上翘，露出尾部两块白斑。由于显眼的红色额甲，也常被叫作“红骨顶”。

分布与生境：见于我国各地区。在湛江为留鸟，部分为旅鸟，各地均有分布，常见水生植物丰富的养殖塘、池塘、水库、荷花池等水域。

习性：水栖性，不善飞，常成对或成小群在水中嬉戏，喜欢游泳时在水面漂浮的植物中觅食。

灰胸秧鸡

Lewinia striata

识别特征：个体大小约26cm。顶冠棕色，颏白色，胸部和背部灰色，背部具白色细纹，两胁和尾下腹羽具较粗黑白色横斑。

分布与生境：在中国见于华南和西南地区。在湛江各地均有分布，为留鸟，不常见，栖息于红树林、稻田、稻田等。

习性：性隐蔽，半夜行性，常单独活动。以水生动物为食。

红胸田鸡

Zapornia fusca

识别特征：个体大小约20cm。喙短，枕部和上体褐色，头侧及胸部呈红棕色，颏白色，腹部和尾下具白色细横纹。

分布与生境：在中国繁殖于南部和东部地区。在湛江为

留鸟，部分为旅鸟，栖息于芦苇地、养殖塘杂灌丛、稻田等。

习性：半夜行性，常单独活动。以水生动物为食。性羞怯，不常见。

反嘴鹬科
Recurvirostridae

黑翅长脚鹬

Himantopus himantopus

识别特征：个体大小约38cm。野外极易辨认，外形特点如其名，体羽为黑白色，具与白色身体对比明显的黑色喙、黑色翅膀及粉红色长腿，颈部具黑斑。身形修长高挑，显得很优雅。

分布与生境：在中国大部分地区可见迁徙和越冬。在湛江为冬候鸟，部分为旅鸟，部分个体在湛江沿海或内陆的草滩湿地繁殖，常见。喜养殖塘、水库、河流和草地等生境，偶见于红树林和滩涂。

习性：常集群活动，与其他涉禽混群。当人或者捕食者靠近鸟巢或幼鸟时，成鸟会发出尖锐的示警声并做出佯装断翅的动作。

反嘴鹬

Recurvirostra avosetta

识别特征：个体大小约43cm。身体黑白两色，头顶至颈后、肩部和外侧翼尖呈黑色，其余部分为白色。喙黑色而长细，在前端上翘。

分布与生境：在中国繁殖于北方地区，迁徙途径中国沿

海地区。在湛江为冬候鸟，部分为旅鸟，不常见。喜红树林、滩涂、养殖塘等。

习性：似黑翅长脚鹬。觅食时利用喙左右甩动。

反嘴鹬与黑翅长脚鹬

反嘴鹬、黑翅长脚鹬与泽鹬

鹬科
Scolopacidae

翻石鹬

Arenaria interpres

识别特征：个体大小约23cm。外形特征明显，身材矮胖，脚呈鲜艳橙红色，黑色喙呈圆锥状，胸部有白色、黑色和褐色组成的图案，黑色胸带明显。飞行时翼上黑白图案明显。

分布与生境：繁殖于全北界高纬度地区，迁徙途经中国东部沿海地区。在湛江为冬候鸟，部分为旅鸟，部分不参与繁殖的会选择在湛江度夏。喜沿海滩涂、沙滩和海岸岩石。

习性：集小群活动，通常不与其他涉禽混群。常在滩涂上快速奔跑，觅食时喜欢翻动海滩上的石头或其他物体寻找甲壳类。

矶鹬

Actitis hypoleucos

识别特征：个体大小约20cm。嘴短且直。上体褐色，不似白腰草鹬般灰暗，且腿更短。下体白色，胸侧具灰褐色斑块，飞行时白色翼斑较为明显。野外判定主要根据其肩部白色“月牙”，在滩涂行走觅食时不停点头，尾部不停抖动。

分布与生境：繁殖于欧亚大陆，在中国繁殖于东北、西

北和华北地区，越冬于南方地区。湛江各地区均有分布，为冬候鸟，部分为旅鸟。栖于各种类型的生境，常见于红树林、滩涂、海岸、养殖塘、水稻田、内陆、河流边或有岩石的水边。

习性：常单独活动，有时集散群。飞行时翅膀保持不动进行滑翔，停歇时尾巴不停翘动。

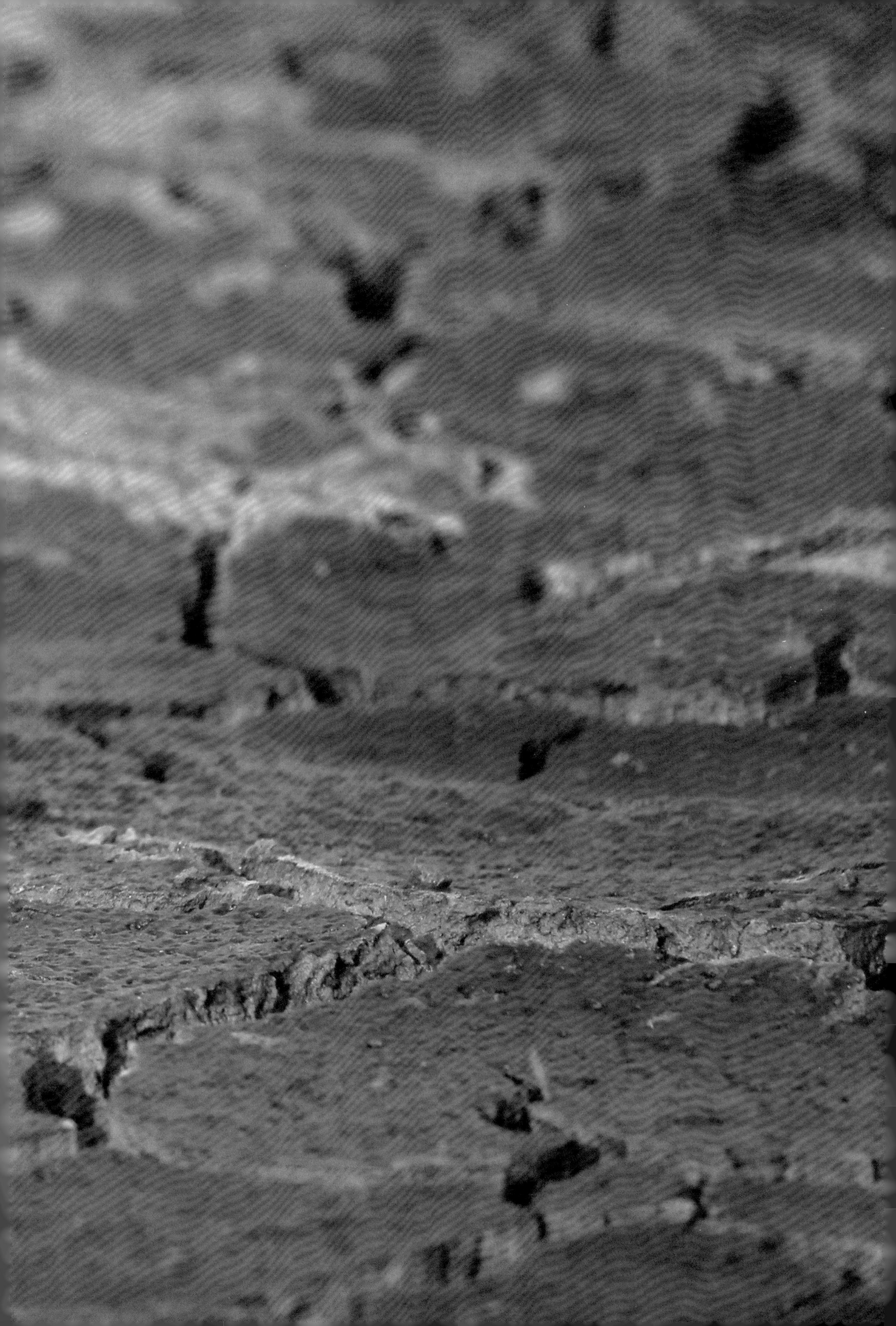

尖尾滨鹬

Calidris acuminata

识别特征：个体大小约22cm，略大于黑腹滨鹬。喙短。非繁殖期羽色为灰褐色，头顶棕色，眉纹浅白色，胸部淡棕色，“V”形黑粗纵斑延伸至两胁；繁殖期身体及头顶颜色变鲜艳。

分布与生境：繁殖于西伯利亚，迁徙途经中国中东部沿

左为长趾滨鹬，右为尖尾滨鹬

海地区，内陆也有记录。在湛江较为少见，主要为旅鸟，栖息于滩涂、养殖塘等湿地。

习性：常单独活动，或与其他水鸟混群。

相似种：长趾滨鹬。尖尾滨鹬体形更大。

三趾滨鹬

Calidris alba

识别特征：个体大小约18cm。身形显矮胖，冬羽羽色呈浅淡的灰色，比其他滨鹬更显白，肩部有一小块黑斑，但在野外观测时不甚明显；繁殖羽上体棕褐色。其脚趾只有前三趾，没有后趾，为其显著特征。

分布与生境：繁殖于欧亚大陆北部，迁徙途经中国大部分地区。在湛江为冬候鸟，部分为旅鸟，栖于红树林、沙滩等。

习性：集群活动。常见在潮水线边沿快速奔跑。

黑腹滨鹬

Calidris alpina

识别特征：个体大小约20cm。喙相较于其体型略显长，黑色，末端下弯，眉纹浅白色。冬羽上体灰褐色，下体白色；繁殖羽胸前具黑色斑块，上体深棕色。

分布与生境：繁殖于西伯利亚等苔原地带，迁徙途经中国大部分地区。在湛江为冬候鸟，部分为旅鸟，是本地

除鸥类外最大种群的水鸟。栖于红树林、滩涂、养殖塘、盐场等。

习性：常集大群活动，与其他水鸟混群。觅食时将喙快速深插入泥滩，显得较为忙碌。

红腹滨鹬

Calidris canutus

识别特征：个体大小约25cm，略小于大滨鹬。喙粗短，厚且直。上体灰褐色，下体近白色，眉纹浅白色，腰部有明显斑点。飞行时可见腋下黑斑较为明显。繁殖羽下体栗红色。

分布与生境：繁殖于北极地区，迁徙途经中国东部沿海地区。在湛江为冬候鸟，部分为旅鸟，喜红树林、滩涂、养殖塘及河口。

习性：集大群活动，常与大滨鹬等涉禽混群。

阔嘴鹬

Calidris falcinellus

识别特征：个体大小约18cm。眼部具两条白眉纹，顶冠纵纹如“西瓜皮”。喙基相对厚，喙端较明显地向下弯曲。冬羽似勺嘴鹬，上体灰褐色，下体白色，胸部具细纵纹。

分布与生境：繁殖于欧亚大陆北部，迁徙途经东部沿海地区。在湛江主要为旅鸟，部分为冬候鸟，不常见。喜红树林、滩涂、养殖塘等。

习性：单独或集小群活动，与其他鸻类、鹬类混群觅食。

弯嘴滨鹬

Calidris ferruginea

识别特征：个体大小约23cm。黑色喙长且向下弯曲。冬羽上体灰色，下体白色，具白色眉纹。繁殖羽上体、胸部呈深棕色，腰部白色不明显。

分布与生境：繁殖于西伯利亚，迁徙途经中国大部分地

区。在湛江为冬候鸟，部分为旅鸟，不常见。喜红树林、滩涂、养殖塘和草地等。

习性：集群活动，常与其他涉禽混群。

相似种：黑腹滨鹬。弯嘴滨鹬与黑腹滨鹬的主要区别是眉纹更明显，且飞行时腰部呈马蹄形白色。

流苏鹬

Calidris pugnax

识别特征：个体大小约22cm（雌性）或28cm（雄性）。喙黑色，短且微下弯。与其他鹬类相比颈部较长。冬羽主要呈灰褐色，上体鱼鳞状斑纹明显，雌雄两性羽色接近，但雄性体形略大于雌性；繁殖羽雄性羽色丰富且鲜艳。

前为流苏鹬，后为黑腹滨鹬

分布与生境：繁殖于欧亚大陆北部，迁徙途经中国东部沿海地区。在湛江为旅鸟，部分为冬候鸟，较少见。喜红树林、滩涂及养殖塘。

习性：常单独或几只活动，与其他涉禽混群。

勺嘴鹬

Calidris pygmeus

识别特征：个体较小，约15cm。嘴形独特，扁平似勺。冬羽上体灰褐色，具纵纹，覆羽呈鳞片状，下体白色；繁殖羽上体和上胸染上明显的棕褐色。在湛江常混于数量庞大的黑腹滨鹬、红颈滨鹬群体中，需仔细辨认。极危物种，为国家一级保护野生动物。

分布与生境：全球种群数量大概100～220对，繁殖于西伯利亚，迁徙及越冬途经中国沿海地区。在湛江为冬候鸟，部分为旅鸟，常见于红树林、滩涂、养殖塘等。作

为湛江红树林保护区的“明星”物种，每年吸引国内多家鸟类保护机构赴湛监测调查。2020年保护区根据旗标编号，可确定至少38只个体冬季在湛江停留栖息，这充分证实了湛江地区是勺嘴鹬在中国的最大越冬地，也是全球第三大越冬地。

习性：常集群活动，与其他小型鸻类、鹬类混群。喜欢在滩涂浅水处觅食，觅食时喙连续垂直向下插入水中，或前后左右快速移动，显得特别繁忙。

红颈滨鹬

Calidris ruficollis

识别特征：个体较小，约15cm。外形似小滨鹬。喙黑色，粗短且直，喙端较小滨鹬略显钝，头顶有不明显的黑色纵纹。冬羽上体灰褐色，胸部具纵纹，尾侧和下体白色；繁殖羽头、胸、颈和翼棕红色，羽色鲜艳。

分布与生境：繁殖于西伯利亚，迁徙途经中国大部分地

区。在湛江为冬候鸟，部分为旅鸟，栖息于红树林、滩涂、养殖塘、盐场等。

习性：常集大群活动。性活跃，常见在滩涂上快速奔跑啄食。

长趾滨鹬

Calidris subminuta

识别特征：个体大小约15cm。喙短，黑色。脚青色，趾较长，但是在野外观测时该特征不明显。具显著的白色眉纹。冬羽顶冠和胸部具黑褐色纵纹，不像尖尾滨鹬纵纹延伸至两胁。繁殖羽顶冠具明显的棕褐色。

分布与生境：繁殖于西伯利亚，迁徙途经中国大部分地区。在湛江为冬候鸟，部分为旅鸟，栖于养殖塘、盐场、稻田等。

习性：常集群活动，或与其他水鸟混群。

青脚滨鹬

Calidris temminckii

识别特征：个体大小约15cm。喙黑，短且直。腿黄绿色。冬羽上体暗灰色，眉纹不明显，胸部灰色，腹部白色。繁殖羽翼覆羽沾棕色。野外与红颈滨鹬易混淆，注意区别脚的颜色，并跟踪观察羽色。

分布与生境：繁殖于苔原地区，迁徙途经中国大部分地区。在湛江为冬候鸟，部分为旅鸟，较为少见。栖息于养殖塘、盐场、草地等，偶尔光顾红树林滩涂。

习性：常单独或与其他鸻鹬集小群活动。

大滨鹬

Calidris tenuirostris

识别特征：体形中等，约28cm。与红腹滨鹬相似，但大滨鹬个体更大，喙更长，末端不明显地向下弯。冬羽胸部具黑色小点斑，腰和两翼具白斑；繁殖羽胸部具黑色大点斑，腰部和肩部具鲜明的红黑相间横斑。

分布与生境：繁殖于西伯利亚，迁徙途经中国东部沿海

地区。在湛江为冬候鸟，部分为旅鸟。喜红树林、滩涂、养殖塘等。

习性：集大群活动，常与红腹滨鹬、灰斑鸻和斑尾塍鹬等涉禽混群。主要以贝类为食。

扇尾沙锥

Gallinago gallinago

识别特征：个体大小约25cm。嘴长且直，上体黄褐色具黑色斑点，头顶具黄白色纵纹、黑褐色贯眼纹。扇尾沙锥与针尾沙锥相似，停栖时二者不易分辨，但飞行时扇尾沙锥翼后有白色后缘，脚探出尾后较少。二者叫声也明显不同。

分布与生境：繁殖于古北界，迁徙时途径中国大部分地区。在湛江为冬候鸟，部分为旅鸟，较为常见。喜养殖塘、草地、稻田。

习性：成对或集小群活动，常隐蔽于草丛中，受惊时会发出急促的警告声并做无规律的锯齿状飞行。

斑尾塍鹬

Limosa lapponica

形态特征：体长约37cm。喙长而略上翘，喙基粉红。白色眉纹明显。飞行时背白色，而翼上无白色横斑，白色的腰部和尾部具褐色细横纹。脚近黑色。

分布与生境：繁殖于欧亚大陆北部，在中国沿东部沿海

地区迁徙，越冬于华南、海南和台湾等地。在湛江为冬候鸟，部分为旅鸟。常见于沿海潮间带、沙洲。

习性：食性同黑尾塍鹬，但少涉入深水中觅食。

黑尾塍鹬

Limosa limosa

形态特征：个体大小约40cm。喙长且直，喙基粉红。贯眼纹明显，翼上白色且具明显横斑。脚近黑色。飞行时尾上腹羽白色，尾端黑色斑块。繁殖羽上体和胸部为棕红色。

分布与生境：繁殖于欧洲北部、西伯利亚及中国新疆、内蒙古等地区。在湛江为冬候鸟，或越冬迁徙经过。常见于沿海潮间带、沙洲、养殖塘等地。

习性：喜淤泥，常集群觅食，觅食时头部插入泥中或水中，喙抬离水面时往前上方挑起，迅速吞食食物。

相似种：斑尾塍鹬。黑尾塍鹬的腿较长，身形更为高挑。判别特征主要是黑尾塍鹬的喙长且直，而斑尾塍鹬则明显上翘，飞行时黑尾塍鹬的脚明显伸出尾后。

半蹼鹬

Limnodromus semipamatus

识别特征：个体大小约35cm，相对塍鹬较小。喙直且全黑，喙端膨大。飞行时翼下腹羽为白色，腰部、背部下方至尾部具暗色横斑，区别于塍鹬。

分布与生境：繁殖于西伯利亚、蒙古和中国东北地区。迁徙途经我国东部沿海地区，上万只集群在江苏连云

港补充能量。在湛江为旅鸟，主要见于沿海泥滩，较为罕见。

习性：觅食习性较特别，在滩涂上径直行走，每走一步将长喙扎入泥土又垂直拔出，动作机械如缝纫机般。

白腰杓鹬

Numenius arquata

识别特征：体形较大，约58cm。喙特长且向下弯曲。上体和颈部浅褐色，腰部白色，尾部具深色横纹，飞行时翼下白色无横斑。野外观测主要考虑与大杓鹬区别，大杓鹬成鸟喙更长，腰及背与身体色彩相似，飞行时翼下覆羽深色横纹明显。

分布与生境：繁殖于古北界，在中国繁殖于东北，迁徙途径中国东部沿海地区。在湛江主要为冬候鸟，部分为旅鸟。喜红树林、滩涂。

习性：单独或集群活动。高潮位栖息时多选择单口大面积养殖塘。

大杓鹬

Numenius madagascariensis

识别特征：个体大小约58cm，极大型杓鹬，略大于白腰杓鹬。野外与白腰杓鹬不易辨认，通常大杓鹬羽色整体偏红褐色，无白腰，飞行时翼下具横纹。

分布与生境：繁殖于东北亚，迁徙途径中国东部沿海地

中间为大杓鹬，左右为大滨鹬

区。在湛江较罕见，为冬候鸟或旅鸟。喜红树林、滩涂等。

习性：单独活动，常与白腰杓鹬混群觅食。

相似种：白腰杓鹬。体色偏灰色，且翼下白色。

中杓鹬

Numenius phaeopus

识别特征：个体大小约42cm，中型杓鹬。个体明显比大杓鹬、白腰杓鹬小，喙也相对较短。眉纹浅白色。头顶似“西瓜皮”，两侧具黑色冠纹。飞行时腰和翼下白色较明显。

分布与生境：繁殖于欧亚大陆北部，迁徙途经中国东部沿海地区。在湛江为旅鸟，部分为冬候鸟。喜红树林、滩涂、草地等。

习性：单独或集小群活动，常与其他涉禽混群。

灰瓣蹼鹬

Phalaropus fulicarius

识别特征：个体大小约21cm。似红颈瓣蹼鹬，但体形略大，顶冠前方较白，喙短且宽钝。冬羽上体色浅且羽色单调。

分布与生境：繁殖于全北界苔原，迁徙途经中国沿海或

中间为灰瓣蹼鹬，左右为红颈瓣蹼鹬

内陆地区。在湛江为旅鸟，较罕见。喜沿海养殖塘或海上。

习性：似红颈瓣蹼鹬。

红颈瓣蹼鹬

Phalaropus lobatus

识别特征：个体大小约18cm。黑色喙直且细长，似针。跗趾具瓣蹼状，眼周和顶冠具黑色斑。冬羽上体浅灰色，羽轴色深，下体偏白色；繁殖羽上体金黄色，颈部至眼后棕色，喉部白色。

分布与生境：繁殖于全北界苔原，迁徙途经中国沿海或

内陆地区。在湛江为旅鸟，较罕见。喜沿海养殖塘或海上。

习性：集小群活动，喜欢在水中转圈觅食浮游生物。性不惧人。

彩鹬

Rostratula benghalensis

识别特征：个体大小约25cm。雌雄颜色差异较大，雌鸟颜色鲜艳，颈部红棕色，白色眼圈延伸至眼后，有一条白色肩带从胸部延长至背部；雄鸟颜色更暗淡，也具有白色眼圈及肩带。

分布与生境：在中国繁殖于东北、华北、华东及长江以

南地区。在湛江为夏候鸟，较少见。喜草滩湿地或植被覆盖的稻田等。
习性：常单独或成对活动。半夜行性，常在晨昏时分活动，行走时尾部上下摆动。

灰尾漂鹬

Tringa brevipes

识别特征：个体大小约25cm。喙粗且直，黑色，喙基部偏黄绿色。具明显的黑色贯眼纹，眉纹白色，背部灰色，胸部浅灰色，腹部白色，腰部具横板。

分布与生境：繁殖于西伯利亚、蒙古，迁徙途经我国东部沿海地区。在湛江为夏候鸟，主要见于红树林、滩涂

和潮间带。

习性：常单独或集小群活动，奔跑时身体下蹲并翘起尾羽。

相似种：白腰草鹬。但灰尾漂鹬腿更短，且白色斑点仅出现在幼鸟身上。

鹤鹬

Tringa erythropus

识别特征：个体大小约30cm。体形高挑，红色腿抢眼。具明显的过眼纹。冬羽上体灰色；繁殖羽通体黑色，上体具明显白色点斑。

分布与生境：繁殖于古北界，迁徙途经中国大部分地区。在湛江为冬候鸟，部分为旅鸟，也有在湛江度夏的记录。

喜红树林、滩涂、养殖塘或内陆湿地。

习性：单独或集群活动。常见身体大部分没入水中觅食。

相似种：红腿特征在雷州半岛主要考虑鹤鹬和红脚鹬。两者相较，鹤鹬喙长而细直，下喙基呈红色，且喙端略下弯。而红脚鹬上下喙基皆呈红色。

红脚鹬

Tringa totanus

识别特征：个体大小约28cm。上下喙基皆呈红色。具明显的过眼纹。冬羽上体灰色；繁殖羽通体黑色，上体具明显白色点斑。

分布与生境：繁殖于古北界，迁徙途经中国大部分地区。在湛江主要为冬候鸟，部分为旅鸟，部分在湛江度夏。

左前一为弯嘴滨鹬，其余为红脚鹬

喜红树林、滩涂和养殖塘。

习性：单独或集小群活动，常见钻入红树林下觅食或休息。

小青脚鹬

Tringa guttifer

识别特征：个体大小约32cm。脚短呈黄色。喙粗钝，喙基黄色且显宽阔，喙端黑色。值得注意的是，小青脚鹬的脚并不是青色，而是黄色。冬羽上体浅灰色，具鳞状纹。体形似青脚鹬，但显得更加矮胖。

分布与生境：繁殖于东北亚北部，迁徙途经中国沿海地

右一为灰斑鸻，右二为小青脚鹬，其余为大滨鹬

区。在湛江记录不多，较罕见，为冬候鸟或旅鸟。喜红树林、滩涂等。

习性：常单独或集小群活动，与灰斑鸻等鸻类、鹬类混群觅食或休息。

灰斑鸻

前为小青脚鹬，后为大滨鹬

青脚鹬

Tringa nebularia

识别特征：个体大小约35cm。灰色喙粗长且略微上翘，飞行时背部有明显白色三角形。上体灰褐色，下体白色，胸部和两胁具黑纵纹。

分布与生境：繁殖于西伯利亚，迁徙途经中国大部分地区。在湛江为冬候鸟，部分为旅鸟，较常见。喜红树林、

滩涂、养殖塘、河口和泥滩等。

习性：常单独或集小群活动，与其他水鸟混群觅食或休息。

相似种：泽鹬。但泽鹬体形较小，喙细长，身形较青脚鹬纤瘦。

白腰草鹬

Tringa ochropus

识别特征：个体大小约22cm。喙暗橄榄色，喙端黑色。上体栗褐色，具白色小斑点。腹部和臀部白色，胸部具纵纹且色暗，翼下近全黑，尾部白色而尾端具黑色横斑。整体黑白对比强烈。

分布与生境：繁殖于北欧至俄罗斯东部，在中国新疆喀什和天山地区也有繁殖记录。在湛江为冬候鸟，部分为旅鸟，常见于草地、水田、池塘和浅水处。

习性：常单独活动，身体尾部常做上下抖动。

相似种：林鹬。白腰草鹬上体斑点与林鹬相比更细小，白色眉纹较短，飞行时尾部具明显的黑斑。

泽鹬

Tringa stagnatilis

识别特征：个体大小约24cm。喙黑色，细且直。上体灰褐色，下体白色。脚黄绿色，长而细。野外观测过程中易将泽鹬与青脚鹬混淆，两者羽色较为相近。

分布与生境：繁殖于古北界，在中国繁殖于内蒙古东北部，迁徙途经中国东部沿海地区。在湛江很常见，为冬候鸟，部分为旅鸟。喜红树林、滩涂、养殖塘、河口、泥滩或内陆湿地。

习性：常集群活动，与其他水鸟混群觅食或休息。

前为林鹬，后为泽鹬

林鹬

Tringa glareola

识别特征：个体大小约20cm。上体主要为灰褐色，颈部较长，背部粗白斑点明显，跗跖较长且偏黄色，白色眉纹较长，区别于白腰草鹬。

分布与生境：繁殖于欧亚大陆，在中国繁殖于东北地区，迁徙时经过我国大部分地区。在湛江各地区均有分布，

为冬候鸟，部分为旅鸟。喜泥泞的生境，常见于草地、水田、养殖塘和浅水处。

习性：常集松散小群活动，或与其他水鸟混群觅食。身体尾部常做上下抖动的动作。

翘嘴鹬

Xenus cinereus

识别特征：个体大小约23cm，体形中等且略显肥胖。喙黑色，喙基黄色，喙长且明显上翘。上体灰色，繁殖羽肩羽呈黑色。野外判别特征明显，主要是其短而橙色的脚有别于其他雷州半岛常见鸟类。

分布与生境：繁殖于欧亚大陆北部，迁徙途经中国东部沿海地区。在湛江为旅鸟，部分为冬候鸟，不参与繁殖任务的会留在湛江度夏。喜红树林、滩涂及河口。

习性：常单独或成小群活动，与其他涉禽混群。

附 录

中文名索引

学名索引